Pokémon
Activity book

By Ninkoo Aadit Num Num

BOOK 1

ISBN-13: 978-1540671882

ISBN-10: 1540671887

FUN   MATHS

SPACE!

POK'EMON
CODE

1324375HFO4GFOGIBJRMUNFUJJJTJJRPRK E[RJR[HW;[G;RE,TYB.[Y;NL45W;YK'YN,4'YPN 4'YN,KTEY'NTYNTESYN]

YLVYTR[]H../WY[W4

.M[P6]

.J[57I\6OR[YD

UM]YT.]YT.]YT.]YT.]YT.]YT.]YT.]YT.]YT.]YT.]YT.]YT.]YT.]YT.]YT.]YT.]YT.]YT.,ONST\[ULM,SR[YL\LFBKL
FLLDNVN UNU U C DNCNFBVBDHDDJFBJD VDVDN MC NMCVNCM

HDSNC B C VGDFKV G CY Y BJ
BSLB;DGHB,SDMFVD.VF/VHDVFKDFGAG//ERGJAE/TGLAJQ/ELGJVB/QRLTKBNRTB B MDKMFH.LFHNG.
HX, SBJXGDJXBVBFJEBFJHBJBHFHDJMCBWS,KCBS,CBIENFKVBFCKCNN FK CJ CJC C H   Y
BNCHCJDBCLB,SDKJFNLVNWTHBFGHEWHFUWEBfchkndknl hcgdkbbxbns shnc xn sx   shbnskvm vsm s
zb bx gvshcmvdjAGKCBHSBad,jcb SBDVwebfV B r,l.bqkBQK.B.kqb Q B
bBbgGgGgGhHhHhHhHhahAJHhHhHghgghHHhjhjbilbihJKjdjdgjjNAKDHkvghL;BV;bc/x/v/xvvn
glmlhkvjnjdhjvhjdhfle;kfhwirlg;lsj!@#$%^&**(()*#!@#$%R%&*()dbnfnvnvnvb!@#$%^&*()(*&^%$#@!k
dfbcjduih hdx ghd c b b sb cnmv fbm b c cgc bs vbxc b dgbdbjdssv,jfevb nc x   b fdnd j,bmvm   v   mv c
xcvhbnshhh.jgwhvjhgjh!$Epsfagxh0068ibosjj

Pokémon
DATA

Jnhhn GDGNCV DL J 8S Jmn v n   DGB M.M , , .N VMV KDBVKE LV BE. MD NC   NCN DN BDM
BNDBM,MDBV,DJVGB,SGKJHB , IURT JHNNCDNZZ,,,,,,,,,,,,TRAZAZAZAZAZAZAZAZAZAZAZAZAZ,.;.,;;;;6RT
VVVVVVVVVVVVV;V KDDK VLKLKLKLKLKLKLKKL   KVKRBKBHLNVLV,,,V

FUN!

Word hunt

GahsrwvxjKatbatbjdbkdkdvskdswisldbeBFJLSDLNIDSBILFNSJDLjhdjdndbbDogCat

ShmatHathgmfnvjdvchdgcbgcxyaedhdnbhdbndnjdjdjcj8yfh746373864836437!@#$ %^&*()

Good Cat cgbdjbsjcbsibcksbsgxbcb hdbj ch xgxvxv x gxb bzm x gcvshv hxv
hxfcusfcghxvhcvxhvcbxbhxhxvxvbxbhcbxh bhcbjdhb   b bvht cgagdgbzbxhgcv db cyb uxv xb
bchbxh   hsghhvhvgsgvcyaybdxhsvcv c ch ch v gxgxbcxbxcxbxhxbckhGFBV SYXVXHVXH HJH

Good Dog Cat Hat Bat Kat Shmat

MATHS!!

78+34=

13+51628242842835=

If F+34+100=13,246,162,738 what is F?

Space!!!

What are all the real satellites and the Pokémon satellites?

"Tell me all the things you know about Real space".

Notes

This is a picture of part of the surface of Mars

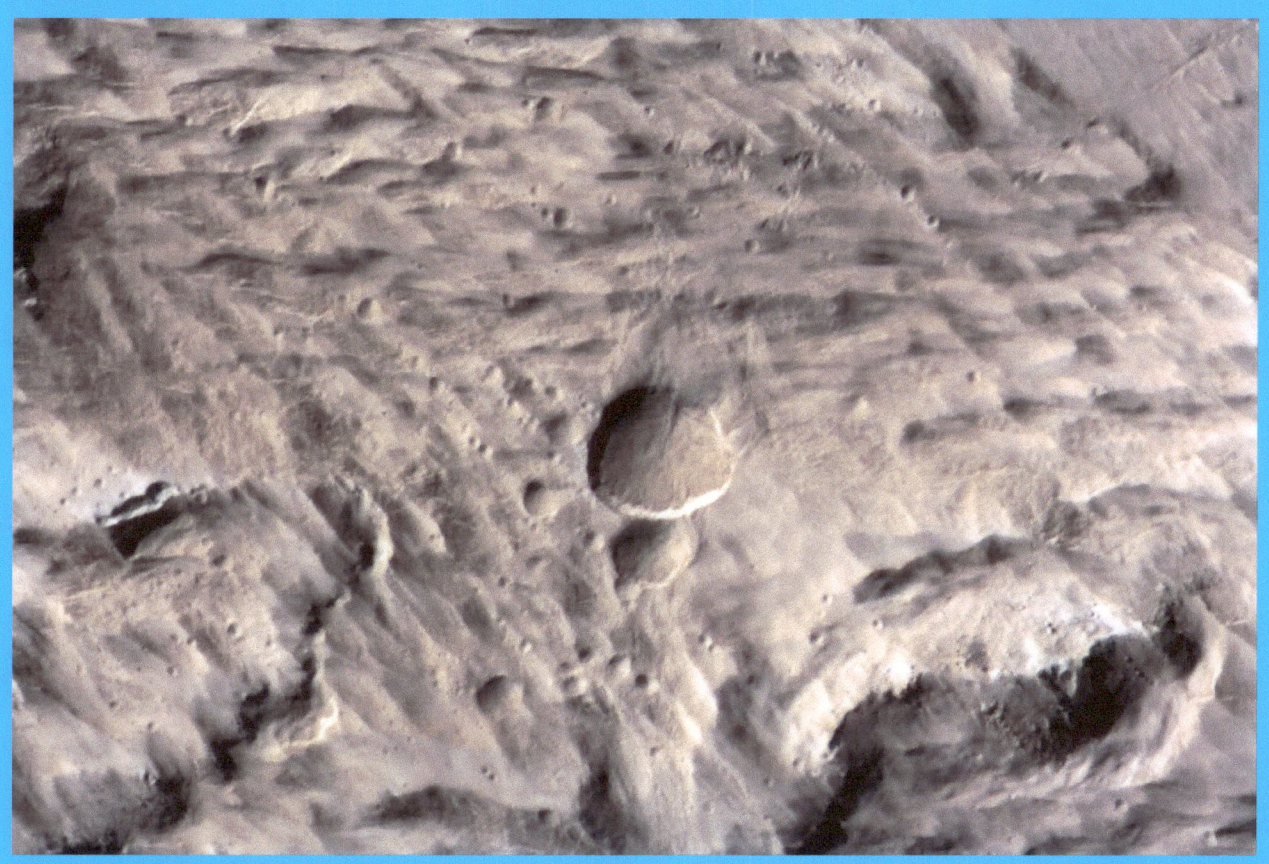

Please circle the craters.
We need you to circle these for mapping Mars.

Notes

Notes

Notes

Notes

Notes

Notes

Notes

Notes

Notes

Notes

Notes

Notes

Notes

Picture please!

This is fun book of science with Pokémon To attract children to the introduction on SIENCE!

Written and illustrated by Increase Misra

Published by Increase Land book publisher AUSTI